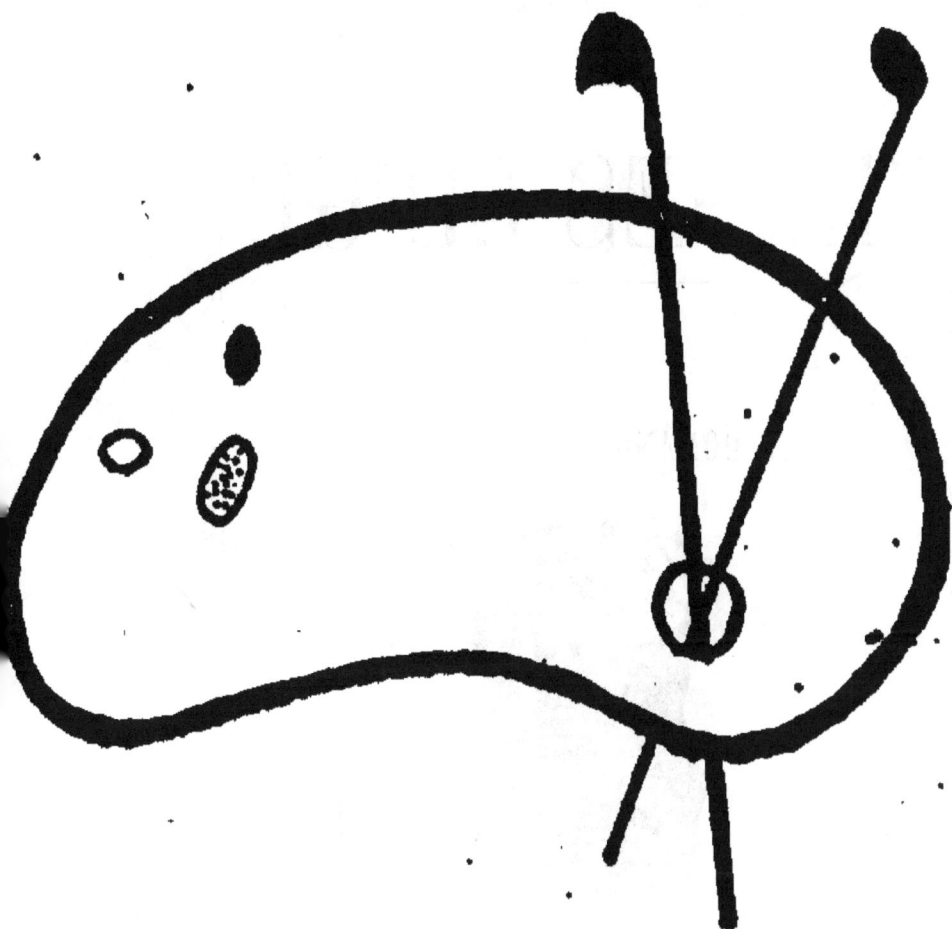

DEBUT D'UNE SERIE DE DOCUMENTS
EN COULEUR

GOUVERNEMENT GÉNÉRAL DE L'ALGÉRIE
(5ᵉ BUREAU)

CHÊNES-LIÉGE

NOTICES

SUR LES

FORÊTS DOMANIALES DE L'ALGÉRIE

ALGER

GIRALT, IMPRIMEUR DU GOUVERNEMENT GÉNÉRAL
Rampe Magenta, 16

1894

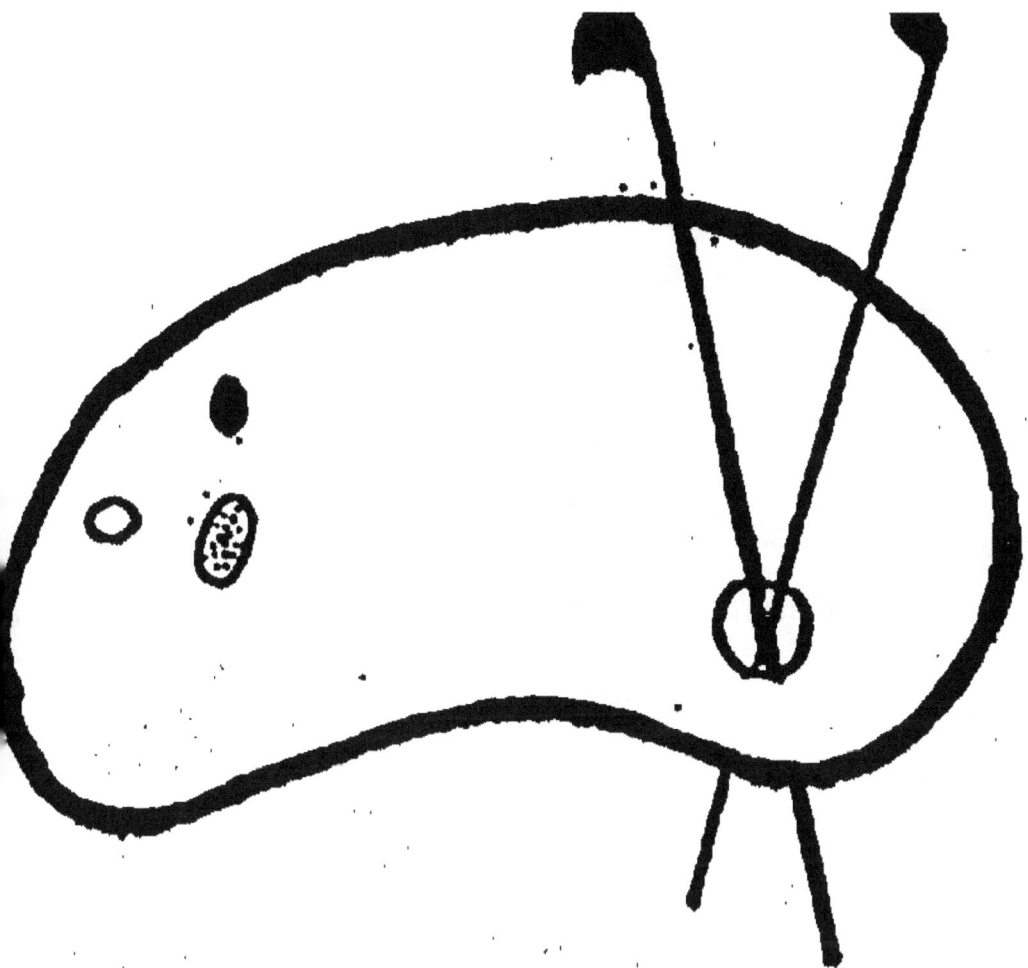

FIN D'UNE SERIE DE DOCUMENTS
EN COULEUR

NOTICES

SUR LES

FORÊTS DOMANIALES DE L'ALGÉRIE

TABLE DES MATIÈRES

———

———

DÉMASCLAGE DES CHÊNES-LIÈGE

Charlemagne et C. P. P., del.

GOUVERNEMENT GÉNÉRAL DE L'ALGÉRIE

(5ᵉ BUREAU)

CHÊNES-LIÉGE

NOTICES

SUR LES

FORÊTS DOMANIALES DE L'ALGÉRIE

ALGER

GIRALT, IMPRIMEUR DU GOUVERNEMENT GÉNÉRAL

Rampe Magenta, 16

1891

ALGÉRIE

—

CHÊNES-LIÉGES

Le chêne-liége est une des essences forestières le plus répandues en Algérie. Il occupe des surfaces immenses dans le Tell et surtout dans la zone littorale de l'est, où il trouve les terrains silicieux dont il a besoin. Cet arbre qui est très vigoureux, peut vivre pendant plusieurs siècles et repousse de souche.

Dans la Colonie, on distingue :

1º Les forêts domaniales, qui ont une étendue totale de 281.402 hectares.

2º Id. communales, id. 18.610 —

3º Id. appartenant aux particuliers, id. 170.328 —

qui forment une étendue totale de.................. 470.340 hectares.

En dehors de ces forêts proprement dites, il existe, dans certaines régions, beaucoup de propriétés possédées soit par des Indigènes, soit par des Européens, qui contiennent, à l'état épars et même en petits massifs, de nombreux chênes-liége dont une bonne partie est en production.

Mais, dans la présente brochure, il n'est question que des forêts faisant partie du domaine de l'État.

2

—

FORÊTS DOMANIALES

DE

CHÊNES-LIÉGE

———

NOTICE RÉDIGÉE PAR M. LE CONSERVATEUR CHARLEMAGNE

———

LE CHÊNE-LIÉGE DE L'ALGÉRIE — SON AIRE D'HABITATION DANS LE DÉPARTEMENT DE CONSTANTINE

Le chêne-liége de l'Algérie est le chêne-liége proprement dit *(quercus suber)* spécial au littoral du bassin de la Méditerranée.

Son aire d'habitation dans le département de Constantine est restreinte à la région des chaînes telliennes, d'une superficie d'environ 1.600.000 hectares.

Cette région s'étend entre le littoral et une ligne passant approximativement par Akbou, Kerrata, Smendou, Bordj-Sabbat, Guelma et Soukahras. Le chêne-liége, avec broussailles en sous-étage, y forme de vastes et riches massifs forestiers soit à l'état pur, soit à l'état de mélange avec le chêne zéen et le chêne afarès.

CONTENANCE DES FORÊTS DOMANIALES — STATISTIQUE

Sur les 281.402 hectares de forêts de chênes-liége que l'État possède en Algérie, le département de Constantine en renferme à lui seul 231.690 hectares, soit environ les neuf dixièmes de la contenance totale.

Le tableau suivant donne la statistique complète des forêts domaniales du département de Constantine ; il indique, pour chacune d'elles, le nom, la superficie, la situation par inspection, cantonnement, commune, le port d'embarquement des produits et les voies de vidange.

N° d'après la carte	NOMS des FORÊTS	Contenance totale (hectares)	COMMUNES de la situation	PORT d'embarque-ment	Distance du port d'embarque-ment	VOIES DE VIDANGE ROUTES ET CHEMINS

INSPECTION DE BOUGIE

CANTONNEMENT DE BOUGIE (OUEST)

1	Akfadou.............	711	Soummam (M) (1)	Bougie	64	Route de Tizi-Ouzou à El-Kseur (40 k.) Ch. de fer d'El-Kseur à Bougie (24 k.)
2	Bou-Hatten*(2)	4.119	Id.	Id.	30	Ch. muletier jusqu'à Toudja (12 k.) Route de Toudja à Bougie (20 k.) ou ch. mule-tier jusqu'à l'Oued-Sakett (12 k.) et voie de mer jusqu'à Bougie (20 k.)
3	Djebel-Affroun*	90	Id.	Id.	40	Ch. muletier dit du génie (16 k.) et route de l'Oued-Amizour à Bougie (24 k.)
4	Djebel-Titbelt	1.003	Id.	Id.	25	Ch. muletier dit du Génie (18 k.) et route de Sétif à Bougie (7 k.)
5	M'Zala.......	1.521	Id.	Id.	65	Ch. muletiers (20 k.) et route de Tizi-Ouzou à Bougie (49 k.) ou ch. muletiers jusqu'à l'embarcadère des Beni-Ksila (15 k.) et voie de mer jusqu'à Bougie (50 k.)
6	Ouzellaguen..........	172	Id.	Id.	60	Ch. muletiers jusqu'à Sidi-Aïch (14 k.) et ch. de fer jus-qu'à Bougie (42 k.)
7	Taourirt-Ighil........	6.522	Id.	Id.	50	Route de Tizi-Ouzou à El-Kseur (26 k.) et ch. de fer de ce point à Bougie (24 k.)

CANTONNEMENT DE BOUGIE (EST)

8	Beni-bou-Aïssi*.......	399	Oued-Marsa (M)(1)	Bougie	46	Ch. muletiers (24 k.), Route de Sétif à Bougie (22 k.)
9	Beni-Hassaïn*	449	Id.	Id.	45	Route de Sétif à Bougie (45 k.)
10	Beni-Melloul*.........	780	Id.	Id.	46	Ch. muletiers (24 k.) et route de Sétif à Bougie (22 k.)
11	Beni-Mimoun*........	2 786	Id.	Id.	20	Ch. muletiers (10 k.) et route de Sétif à Bougie (10 k.)
12	Beni-Sliman*.........	682	Id.	Id.	32	Ch. muletiers (25 k.) et route de Sétif à Bougie (7 k.)
13	Beni-Smaïl*..........	148	Id.	Id.	51	Ch. muletiers (4 kil.), Route de Sétif à Bougie (47 k.)

(1) La lettre (M) signifie qu'il s'agit d'une commune mixte.
(2) L'astérisque indique que la forêt a été entièrement parcourue par les travaux de premier démasclage.

N° d'après la carte	NOMS des FORÊTS	Contenance totale (hectares)	COMMUNES de la situation	PORT d'embarquement	Distance du port d'embarquement	VOIES DE VIDANGE ROUTES ET CHEMINS
14	Beni-'Tizi*	44	Oued-Marsa (M)	Bougie	42	Ch. muletiers (20 k.) et route de Sétif à Bougie (22 k.)
15	Darguina*	162	Id.	Id.	47	Route de Sétif à Bougie (47 k.)
16	Oued-Agrioun*	3,004	Id.	Id.	55	Ch. muletiers (10 k.), Route de Sétif à Bougie (45 k.)
17	Oued-Zitouna*..	257	Id.	Id.	25	Ch. muletiers (3 k.), Route de Sétif à Bougie (22 k.)

INSPECTION DE DJIDJELLI

CANTONNEMENT DE DJIDJELLI (OUEST)

18	Beni-Foughal.........	5,312	Tababort	Djidjelli	35	Ch. muletiers (25 k.), Route de Djidjelli à Bougie (10 k.)
19	Beni-Sigoual*	1,495	Oued-Marsa	Bougie	45	Ch. muletiers (10 k.), Route de Sétif à Bougie (35 k.)
20	Dar-el-Oued.	4,830	Tababort	Djidjelli	60	Ch. muletiers (50 k.), Route de Bougie à Djidjelli (10 k.)
21	Djebel-Adendoun*	2,076	Id.	Bougie	35	Ch. muletiers (25 k.), Route de Bougie à Djidjelli (10 k.)
22	El-Alem*...............	2,140	Id.	Id.	50	Ch. muletiers (15 k.), Route de Sétif à Bougie (35 k.)
23	Larba	90	Id.	Id.	60	Ch. muletiers (25 k.), Route de Sétif à Bougie (35 k.)

CANTONNEMENT DE DJIDJELLI (EST)

24	Beni-Ahmed*	734	Duquesne	Djidjelli	20	Ch. muletiers (20 k.)
25	Beni-Khettab.........	4,963	Tababort	Id.	25	Ch. muletiers (15 k.), Route de Djidjelli à Taher (10 k.)
26	Beni-Medjeled	2,042	Fedj-M'zala	Id.	60	Ch. muletiers (10 k.), Route de Djidjelli à Constantine (50 k.)
27	Djimla*	54	Id.	Id.	60	Ch. muletiers (10 k.), Route de Djidjelli à Constantine (59 k.)
28	Ghil-Amram...........	749	Tababort	Id.	20	Ch. muletiers (20 k.)
29	L'Oasis*............. ..	45	Djidjelli	Id.	3	Ch. vicinal.
30	Oued-Djendjen	620	Tababort	Id.	40	Ch. muletiers (10 k.), Route de Djidjelli à Constantine (30 k.)
31	Sedjermah*	385	Strasbourg	Id.	15	Route de Djidjelli à Taher (15 k.)
32	Sidi-Brahim*	64	Tababort	Id.	15	Route de Djidjelli à Constantine (15 k.)

3

N° d'après la carte	NOMS des FORÊTS	Contenance totale (hectares)	COMMUNES de la situation	PORT d'embarquement	Distance du port d'embarquement	VOIES DE VIDANGE ROUTES ET CHEMINS
	CANTONNEMENT DE TAHER					
33	Beni-Afeur	4.865	Tababort	Djidjelli	35	Ch. muletiers (21 k.). Chemin de Strasbourg à Djidjelli (14 k.)
34	Beni-Habibi	1.356	Taher	Id.	40	Ch. muletiers (10 k.). Chemin d'El-Milia à Djidjelli (30 k.)
35	Beni-Iddeur	5.457	Id.	Id.	35	Ch. muletiers (9 k.). Route de Chekfa à Djidjelli (26 k.)
36	Beni-Mameur*	700	Id.	Id.	35	Ch. muletiers (9 k.). Route de Chekfa à Djidjelli (26 k.)
37	Beni-Salah*....	730	Id.	Id.	40	Ch. muletiers (10 k.). Chemin d'El-Milia à Djidjelli (30 k.)
38	Beni-Siar*	1.076	Id.	Id.	25	Ch. muletiers (7 k.). Route de Taher (18 k.)
39	El-Djenah*	455	Id.	Id.	45	Ch. muletiers (15 k.). Chemin d'El-Milia à Djidjelli (30 k.)
40	Ouled-Askeur	2.489	Id.	Id.	40	Ch. muletiers (14 k.). Route de Chekfa à Djidjelli (26 k.)
41	Ouled-Belafou*	15	Id.	Id.	10	Route de Duquesne à Djidjelli (10 k.)

INSPECTION DE PHILIPPEVILLE

CANTONNEMENT D'EL-MILIA

42	Achaichs	1.468	El-Milia (M)	Collo	65	Ch. muletiers (11 k.). Route d'Aïn-Kechera à Collo (54 k.)
43	Beni-Aicha*	1.177	Id.	Djidjelli	60	Ch. muletiers (12 k.). Route d'El-Hamser à la plage d'El-Djenah (11 k.). D'El-Djenah à Djidjelli, par mer 20 milles.
44	Beni-bel-Aid..........	111	Id.	Id.	49	Ch. muletiers (12 k.). Route d'El-Hamser à la plage d'El-Djenah (11 k.). D'El-Djenah à Djidjelli, par mer 20 milles.
45	Beni-Caid.............	410	Id.	Id.	82	Ch. muletiers (12 k.). Route d'El-Hamser à la plage d'El-Djenah (11 k.). D'El-Djenah à Djidjelli, par mer 20 milles.
46	Beni-Ferghen.........	1.090	Id.	Id.	52	Ch. muletiers (15 k.), d'El-Djenah à Djidjelli, 20 milles.
47	Beni-Ftah*	871	Id.	Id.	46	Ch. muletiers (46 k.)

N° d'après la carte	DÉSIGNATION des FORÊTS	Contenance totale (hectares)	COMMUNES de la situation	PORT d'embarquement ou gare	Distance du port d'embarquement ou d'une gare	VOIES DE VIDANGE et de COMMUNICATION
48	Beni-Khettab	1,921	El-Milia (M)	Djidjelli	55	Ch. muletiers (55 k.)
49	Beni-Sbihi	892	Id.	Philippe-ville	76	Ch. muletiers (35 k.). Route de Robertville (11 k.) et chemin de fer jusqu'à Philippeville (30 k.)
50	M'Chatt*	706	Id.	Djidjelli	63	Ch. muletiers (15 k.). Route d'El-Hamser à la plage d'El-Djenah (11 k.). D'El-Djenah à Djidjelli, 20 milles.
51	Ouled-Ali	150	Id.	Id.	62	Ch. muletiers (15 k.). Route d'El-Hamser à la plage d'El-Djenah (11 k.). D'El-Djenah à Djidjelli, 20 milles.
52	Ouled-Aouat*	302	Id.	Id.	53	Ch. muletiers (15 k.). Route d'El-Hamser à la plage d'El-Djenah (11 k.). D'El-Djenah à Djidjelli, 20 milles.
53	Ouled-Debab	1,414	Id.	Id.	60	Ch. muletiers (15 k.). Route d'El-Hamser à la plage d'El-Djenah (11 k.). D'El-Djenah à Djidjelli, 20 milles.
54	Ouled-Kassem.......	2,012	Id.	Collo	66	Route de la forêt à Collo (66 k.)
55	Ouled-M'Barek......	788	Id.	Id.	68	Ch. muletiers (14 k.). Route d'Aïn-Kechera à Collo (54 k.)
56	Ouled-El-Hadj (partie).	4,523	Id.	Id.	62	Ch. muletiers (8 k.). Route d'Aïn-Kechera à Collo (54 k.)

CANTONNEMENT DE COLLO

N° d'après la carte	DÉSIGNATION des FORÊTS	Contenance totale (hectares)	COMMUNES de la situation	PORT d'embarquement ou gare	Distance du port d'embarquement ou d'une gare	VOIES DE VIDANGE et de COMMUNICATION
57	Arb-El-Goufi*	256	Attia (M)	Collo	8	Ch. muletiers (4 k.). Route (4 k.)
58	Beni-Toufout	18,153	Id.	Id.	48	Ch. muletiers (5 k.). Route d'El-Knar à Collo (43 k.)
59	Ouichaoua-Rifia*	1,362	Collo	Id.	42	Ch. muletiers (15 k.). Ch. vicinal jusqu'à Collo (27 k.)
60	Ouled-Amidech*	470	Id.	Id.	47	Ch. muletiers (20 k.). Ch. vicinal jusqu'à Collo (27 k.)
61	Oued-Cherka*	22	Id.	Id.	6	Ch. muletiers (20 k.). Ch. vicinal jusqu'à Collo (6 k.)
62	Oued-Guébli	2,380	Id.	Id.	21	Ch. muletiers (20 k.). Ch. vicinal jusqu'à Collo (21 k.)

CANTONNEMENT DE PHILIPPEVILLE

N° d'après la carte	DÉSIGNATION des FORÊTS	Contenance totale (hectares)	COMMUNES de la situation	PORT d'embarquement ou gare	Distance du port d'embarquement ou d'une gare	VOIES DE VIDANGE et de COMMUNICATION
63	Arb-Filfila	229	Philippeville (PE) (1)	Philippe-ville	25	Route dép. (1 k.). Ch. vicinal de la briqueterie au Filfila (24 k.)
64	Arb-Skikda	222	Jemmapes (M)	Id.	18	Ch. muletiers (2 k.). Route de Bissy à Jemmapes (16 k.)

(1) (P. E.) Commune de plein exercice.

N° d'après la carte	NOMS des FORÊTS	Contenance totale (hectares)	COMMUNES de la situation	PORT d'embarquement	Distance du port d'embarquement	VOIES DE VIDANGE ROUTES ET CHEMINS
65	Azabra*	81	Jemmapes (M)	Philippeville	52	Ch. muletiers (8 k.). Ch. vicinaux (14 k.). Ch. de fer de Robertville à Philippeville (30 k.)
66	Beni-Bechir*	381	Philippeville (PE)	Id.	14	Route départementale (14 k.)
67	Beni-Beschir	718	Collo (M)	Collo	26	Ch. muletiers (5 k.). Route de Collo à Robertville (21 k.)
68	Beni-Ouelben	357	Id.	Philippeville	53	Ch. muletiers (12 k.). Route de Philippeville à Robertville (11 k.). Chemin de fer de Philippeville (30 k.)
69	Bou-Taleb	477	Jemmapes	Id.	51	Ch. muletiers (9 k.). Route de La Robertsau à Philippeville (42 k.)
70	El-Ghar	1.185	Id.	Id.	55	Ch. muletiers (13 k.). Route de La Robertsau à Philippeville (42 k.)
71	El-Ghedir	549	Id.	Id.	35	Ch. muletiers (7 k.). Route de l'Oued-Debeb à Philippeville (28 k.)
72	Ghezala	313	Id.	Id.	53	Ch. muletiers (11 k.). Route de La Robertsau à Philippeville (42 k.)
73	Khandeg-Asla*	265	Id.	Id.	50	Ch. muletiers (6 k.). Route d'El-Arrouch à Philippeville (44 k.)
74	Medjadja	1.423	Collo (M)	Id.	39	Ch. muletiers (5 k.). Route de Collo à Robertville (25 k.)
75	Melilla	1.014	Jemmapes (M)	Id.	42	Ch. muletiers (4 k.). Route départementale jusqu'à Philippeville (38 k.)
76	M'Sallah	843	Stora (PE)	Id.	20	Ch. vicinal de Philippeville à Aïn-Zouit (20 k.)
77	Oued-Khanga*	204	Collo (M)	Id.	46	Route de Collo à Robertville (16 k.). Ch. de fer de Philippeville (30 k.)
56	Ouled-El-Hadj (partie)	3.643	Id.	Id.	64	Ch. muletiers (15 k.). Route de Robertville (19 k.). Ch. de fer de Philippeville (30 k.)
78	Ouled-Ghara	140	Enchir-Saïd (PE)	Id.	60	Ch. muletiers (6 k.). Route départementale (54 k.)
79	Ouled-Hamza	117	Jemmapes (M)	Id.	53	Ch. muletiers (9 k.). Ch. d'El-Arrouch (14 k.). Ch. de fer de Philippeville (30 k.)
80	Ouled-Messaoud	1.692	Id.	Id.	49	Ch. muletiers (3 k.). Route de Robertville (14 k.). Voie ferrée (30 k.)
81	Ouled-Nouar	863	Stora (PE)	Id.	21	Ch. muletiers (15 k.). Route d'Aïn-Zouit (6 k.)

N° d'après la carte	NOMS des FORÊTS	Contenance totale (hectares)	COMMUNES de la situation	PORT d'embarquement	Distance du port d'embarquement	VOIES DE VIDANGE ROUTES ET CHEMINS
82	Oum-en-Nehal........	1.455	Jemmapes (M)	Philippe-ville	46	Ch. muletiers (4 k.). Route de Philippeville (42 k.)
83	Philippeville*........	263	Philippeville (PE)	Id.	7	Route de Philippeville à Guel-ma (7 k.)
84	Stora	470	Stora (PE)	Id.	6	Ch. muletiers (2 k.). Chemin vicinal (4 k.)
85	Taabna............	766	Collo (M)	Collo	30	Ch. muletiers (5 k.). Route de Collo (25 k.)
86	Tengout.	1.119	Jemmapes (M)	Philippe-ville	39	Ch. muletiers (6 k.). Route de St-Charles (14 k.). Voie fer-rée (19 k.)
87	Zeramna............	1.264	Collo (M)	Id.	20	Ch. vicinal de Philippeville à Tamalou (20 k.)

INSPECTION DE BONE

CANTONNEMENT DE BONE

N°	NOMS	Contenance	COMMUNE	PORT	Distance	VOIES DE VIDANGE
88	Beni-Caïd*..........	120	Nechmeya (PE)	Bône	50	Ch. muletiers (12 k.). Route de Bône à Guelma (38 k.).
89	Beni-Salah (partie)....	12.610	Beni-Salah (M)	Id.	62	Route de Bône à Bou-Hadjar (20 k.) Ch. de fer (42 k.)
90	Djebel-Aouara........	2.811	Selia (M)	Id.	95	Ch. muletiers (15 k.). Ch. de fer de Bône à Guelma (80 k.)
91	Dramena	135	Beni-Salah (M)	Id.	88	Ch. muletiers (20 k.). Ch. de fer de Bône à Guelma (68 k.)
92	Edough... { 7e lot....	3.173	Edough (M)	Herbillon	17	Ch. muletiers (10 k.). Route d'Herbillon (7 k.)
92	{ 9e lot....	2.612	Herbillon (PE)	Id.	15	Ch. muletiers (10 k.). Route d'Aïn-Mokra (5 k.)
92	{ 3e série..	570	Edough (M)	Bône	15	Route de Bône à Bugeaud (15 k.)
93	Eulma.	330	Id.	Id.	70	Ch. muletiers (30 k.). Route de Bône à Guelma (40 k.)
94	Merdès	1.505	Beni-Salah(M)	Id.	45	Ch. muletiers (10 k.). Route de Bône à Bou-Hadjar (35 k.)
95	Ouled-bou-Aziz......	972	Nechmeya (PE)	Id.	70	Ch. muletiers (30 k.). Route de Bône à Guelma (40 k.)
96	Talah..............	487	Beni-Salah (M)	Id.	88	Ch. muletiers (20 k.). Ch. de fer de Bône-Guelma (68 k.)

4

N° d'après la carte	NOMS des FORÊTS	Contenance totale (hectares)	COMMUNES de la situation	PORT d'embarquement	Distance du port d'embarquement	VOIES DE VIDANGE ROUTES ET CHEMINS
	CANTONNEMENT DE SOUK-AHRAS (NORD)					
89	Beni-Salah (partie)....	3.120	Beni-Salah (M)	Bône	80	Ch. muletiers (15 k.) Voie ferrée de Bône à Guelma (65 k.)
97	Djebel-Resgoun*......	400	La Séfia (M)	Id.	102	Ch. muletiers (5 k.), Voie ferrée de Bône à Guelma (97 k.)
98	Fedj-Ahmed..	3.000	La Calle (M)	Id.	147	Route de Bou-Hadjar (40 k.), Voie ferrée de Bône à Tunis (107 k.)
99	Ksar-el-Attach.*......	219	Souk-Ahras (M)	Id.	128	Ch. muletiers (12 k.). Voie ferrée de Bône à Tunis (107 k.)
100	Ouled-Bechiah.......	4.640	La Séfia (M)	Id.	90	Ch. muletiers (25 k.). Voie ferrée de Bône à Tunis (65 k.)
101	Oued-Cham*.........	116	Id.	Id.	80	Ch. muletiers (6 k.), Voie ferrée de Bône à Tunis (74 k.)
102	Oued-Ghanem.......	2.020	Id.	Id.	80	Ch. muletiers (15 k.), Voie ferrée de Bône à Tunis (65 k.)
103	Sidi-Bacouch*........	130	Souk-Ahras (M)	Id.	107	Ch. muletiers (10 k.). Voie ferrée de Bône à Tunis (97 k.)
	CANTONNEMENT DE SOUK-AHRAS (SUD)					
104	Bou-Mezran.........	4.428	Souk Ahras (M)	Bône	155	Ch. muletiers (15 k.). Voie ferrée de Bône à Tunis (140 k.)
105	Plateau de Souk-Ahras	40	Id.	Id.	117	Ch. muletiers (10 k.). Voie ferrée de Bône à Tunis (107 k.)

CHEFFERIE DE LA CALLE

CANTONNEMENT DE BLANDAN

N° d'après la carte	NOMS des FORÊTS	Contenance totale (hectares)	COMMUNES de la situation	PORT d'embarquement	Distance du port d'embarquement	VOIES DE VIDANGE ROUTES ET CHEMINS
106	Beni-Amar...........	5.414	Beni-Salah (M)	La Calle	35	Ch. muletiers (5 k.). Route de La Cheffia à La Calle (30 k.)
107	Bradia-El-R'Goub-El-Kian...............	5.995	La Calle (M)	Id.	45	Ch. de gr. commune. de La Calle à Tébessa (24 k.). Route de Bône (24 k.)
108	La Cheffia...........	8.510	Beni-Salah (M)	Id.	55	Ch. muletiers (6 k.). Route de Bône à La Calle (49 k.)
109	Djebel-Gourrah.......	528	La Calle (M)	Id.	38	Route d'Aïn-Kebir et de Bône à La Calle (38 k.)
110	Djebel-Souani.......	2.600	Id.	Id.	56	Ch. de gr. commune. de La Calle à Tébessa (24 k.). Route de Bône (32 k.).
91	Merdès (partie)........	2.978	Beni-Salah (M)	Bône	40	Ch. muletiers (12 k.). Route de Bône à La Calle (28 k.)

N° d'après la carte	DÉSIGNATION des FORÊTS	Contenance totale (hectares)	COMMUNES de la situation	PORT d'embarquement ou gare	Distance du port d'embarquement ou d'une gare	VOIES DE VIDANGE et de COMMUNICATION
111	Ouled-Amor - Ben-Ali (partie).............	4.681	La Calle (M)	La Calle	32	Ch. muletiers (11 k.). Route de La Calle et de Bône à Tébessa (21 k.)
112	Ouled-Dieb'	548	Beni-Salah (M)	Id.	34	Chemin de Bordj-Ali-Bey (4 k.) Route de La Calle (30 k.)

CANTONNEMENT DE LA CALLE

113	Ain-Khiar'	91	La Calle (M)	La Calle	19	Route de Yusuf à La Calle (19 k.)
114	Aouaoucha	1.996	Id.	Id.	20	Ch. muletiers (4 k.). Route de La Calle à Ain-Draham (16 k.)
115	Khanguet-Aoun......	2.366	Id.	Id.	16	Route de Roum-el-Souk à La Calle (16 k.)
116	Kef-Oum-Theboul.....	243	Id.	Id.	13	Route d'Oum Théboul à La Calle (13 k.)
117	La Calle	1.120	Id.	Id.	24	Route de Bône à La Calle (24 k.)
118	Lakdar	710	Id.	Id.	16	Route de Roum-el-Souk à La Calle (16 k.)
119	Oued-Bougous........	2.758	Id.	Id.	35	Route d'Ain-Kebir au Tarf et à La Calle (35 k.)
111	Ouled-Amor - ben-Ali (partie'............	3.589	Id.	Id.	24	Ch. muletiers (4 k.) Route d'Ain-Kebir à La Calle (20 k.)
120	Ouled-Youb..........	1.280	Id.	Id.	24	Route d'Ain-Kebir au Tarf (8 k.). Route de Mexna à Roum-el-Souk et La Calle (16 k.)
121	Sonarakh............	3.560	Id.	Id.	18	Route d'Oum-Theboul à Ain-Draham et La Calle (18 k.)

INSPECTION DE CONSTANTINE

CANTONNEMENT DE CONSTANTINE

122	Zouagha.............	3.531	Fedj-M'Zala et Sidi-Merouan (M)	Djidjelli	78	Ch. muletiers (13 k.). Route de Djidjelli à Constantine (65 k.)
123	Mouia'............ ..	386	Grarem (PE)	Philippeville	82	Ch. muletiers (22 k.). Ch. de fer de Philippeville (60 k.)
124	Beni-Teliten'	285	El-Milia (M)	Id.	77	Ch. muletiers (35 k.). Route de Robertville (12 k.). Voie ferrée (30 k.)

No d'ordre de la carte	NOMS des FORÊTS	Contenance totale (hectares)	COMMUNES de la situation	PORT d'embarquement	Distance du port d'embarquement	VOIES DE VIDANGE ROUTES ET CHEMINS
68	Beni-Ouelben (partie),	682	Collo (M)	Philippeville	77	Ch. muletiers (35 k.), Route de Robertville (12 k.), Voie ferrée (30 k.)
49	Beni-Sbihi (partie)....	564	El-Milia (M)	Id.	68	Ch. muletiers (26 k.), Route de Robertville (12 k.), Voie ferrée (30 k.)
50	Ouled-El-Hadj (partie)	230	Collo (M)	Id.	60	Ch. muletiers (18 k.), Route de Robertville (12 k.), Voie ferrée (30 k.)
125	Ouled-Atia,...........	847	Jemmapes (M)	Id.	122	Ch. muletiers (35 k.), Ch. de fer de Constantine à Philippeville (87 k.)
126	Souhalia.............	3.434	Oued-Zenati (M)	Id.	122	Ch. muletiers (35 k.), Ch. de fer de Constantine à Philippeville (87 k.)
127	Ouled-Djebarra.......	1.861	Jemmapes (M)	Bône	153	Ch. muletiers (18 k.), Ch. de fer de Bordj-Sabath à Bône (135 k.)
128	Beni-Amrand........	644	Oued-Cherf	Id.	136	Ch. muletiers (12 k.), Ch. de fer de Bordj-Sabath à Bône (124 k.)
129	Fedjoudj (Bou-Asloudj)	189	Kellerman (PE)	Id.	117	Ch. muletiers (15 k.), Ch. de fer de Bordj-Sabath à Bône (102 k.)
130	Beni-Addi (Dj.-Betoun)	35	Clauzel (PE)	Id.	117	Ch. muletiers (15 k.), Ch. de fer de Bordj-Sabath à Bône (102 h.)
131	Mahouna	1.050	Millésimo (PE)	Id.	101	Ch. muletiers (12 k.), Ch. de fer de Bordj-Sabath à Bône (89 k.)

RÉCAPITULATION

INSPECTION	CANTONNEMENT	CONTENANCE (hectares)
Bougie..	Bougie (Ouest).......	14.138
	Bougie (Est).........	8.711
Djidjelli..............	Djidjelli (Ouest).....	15.943
	Djidjelli (Est).......	6.665
	Taher..	17.143
	El-Milia.............	17.850
Philippeville...	Collo................	22.643
	Philippeville.........	20.052
Bône.................	Bône................	25.325
	Souk-Ahras (Nord)....	13.645
	Souk-Ahras (Sud).....	4.468
La Calle............	Blandan	30.654
	La Calle	20.715
Constantine..........	Constantine..........	13.738
	TOTAL.	231.690

MODE DE RÉALISATION DES PRODUITS DES FORÊTS DOMANIALES

Pour obtenir des forêts de chênes-liège le revenu qu'on est en droit d'en attendre, on peut recourir à plusieurs systèmes consistant, l'un, en la *mise en ferme* des forêts, l'autre en la *gestion directe* du propriétaire qui procède alors à la vente, soit *sur pied*, soit *après la récolte* des liéges de reproduction, au fur et à mesure qu'ils atteignent leur exploitabilité commerciale.

L'État a renoncé, non seulement au fermage, mais encore à la vente des liéges sur pied, à cause des inconvénients que présentent ces systèmes, à divers points de vue.

Les forêts du département de Constantine sont donc gérées directement par le Service forestier, qui est chargé, en outre, de livrer au commerce, *après récolte*, tous les produits de ce domaine d'une étendue et d'une richesse exceptionnelles.

TRAVAUX DE MISE EN VALEUR ET DE RÉCOLTE

Les travaux de mise en valeur des forêts comprennent les travaux de *mise en production* des peuplements par l'enlèvement du liége mâle et les travaux de *pénétration* et de *protection*.

Dans la conservation de Constantine, la mise en production connue sous le nom de *démasclage*, n'est pratiquée que sur les arbres ayant atteint 0m 50 de tour ; elle porte sur une hauteur plus ou moins grande du fût, suivant la grosseur des sujets, leur vigueur, la fertilité du sol et la consistance du sous-bois.

La mise en production complète des peuplements est poursuivie progressivement par des opérations périodiques assez espacées, pour permettre le maintien de la végétation en bon état.

Au fur et à mesure des mises en production, le Service forestier trace et fait construire des *chemins muletiers* et des *sentiers* destinés à faciliter l'accès des peuplements, à assurer la vidange des produits ; il fait ouvrir des *tranchées*

5

par débroussaillement simple ou par dessouchement, dans le but de protéger, autant que possible, les forêts contre le danger des incendies.

Les liéges de reproduction sont considérés comme exploitables quand ils ont atteint l'épaisseur de 0m 025 à 0m 027, croûte comprise; il sont récoltés en temps opportun par le Service forestier, qui réunit les produits des coupes sur des places de dépôt pour les livrer au commerce.

Les travaux de mise en production et de récolte que dirigent les agents et gardes des forêts, sont exécutés, en Kabylie, par les indigènes qui habitent les enclaves ou les villages voisins; en pays arabe, par des équipes d'ouvriers kabyles qui s'expatrient volontiers pendant la belle saison.

Le mode de la régie peut seul permettre de conduire les exploitations avec prudence et sans mutilation d'arbres, condition essentielle pour assurer la prospérité des peuplements et la production de bons liéges.

TRAITEMENT DES FORÊTS DE CHÊNES-LIÉGE

La région du chêne-liége du département de Constantine a un relief excessivement accidenté; elle est caractérisée par une extrême diversité des facteurs de la végétation : altitude, sol, exposition; d'autre part, les chênes-liége présentent des différences individuelles considérables et chaque forêt renferme des peuplements de consistances très variées.

Le traitement qui convient aux forêts de cette essence est le *jardinage*, qui permet de récolter les liéges au fur et à mesure qu'ils atteignent leur exploitabilité commerciale : la levée en est ainsi pratiquée périodiquement dans les mêmes cantons, tous les trois ou quatre ans, suivant l'activité plus ou moins grande de la végétation.

Les liéges des forêts de Constantine demandent de six à quinze ans pour atteindre l'épaisseur de 0m 025, mais, en grande moyenne, ils sont exploitables à l'âge de neuf ans.

Une périodicité de trois ou quatre années dans les récoltes, sur le même point, satisfait donc aux conditions nécessaires pour un traitement rationnel; avec le degré d'approximation que comportent les évaluations de l'espèce; un peuplement parcouru tous les trois ou quatre ans donne toutes les catégories de liéges qu'il peut produire, en même temps que les mises en production successives s'y poursuivent dans de bonnes conditions culturales et, en aucun cas, les liéges d'épaisseur au maximum de 0ᵐ024 laissés sur pied ne sont exposés à trop vieillir entre deux rotations.

SITUATION ACTUELLE DES FORÊTS DOMANIALES AU POINT DE VUE DES TRAVAUX DE MISE EN VALEUR

La situation actuelle des forêts domaniales, au point de vue des travaux de mise en valeur, est la suivante :

Contenance des peuplements mis en production, 123,973 hectares ;

Travaux de pénétration. — Chemins muletiers et sentiers, 900 kilomètres ;

Travaux de protection. — Tranchées, 1.400 kilomètres.

Les travaux de mise en valeur ne sont guère entrepris, d'une manière suivie, que depuis dix ans ; les crédits alloués à cet effet sur les ressources budgétaires, d'abord très restreints, ont été augmentés peu à peu; actuellement, le Service forestier met en valeur de quinze à vingt mille hectares chaque année. Par suite, cette première opération, qui reste à exécuter sur une étendue de 107,717 hectares de forêts encore improductives, pourra être terminée vers 1900 si les ressources budgétaires le permettent.

PRODUCTION PRÉVUE

Lorsque toutes les forêts du département de Constantine auront été mises en production et que les exploitations porteront sur toute leur contenance, leur rendement, calculé sur les données de la première période des aménagements, sera de *200.000* quintaux métriques de liége de reproduction (à l'état brut).

Ce rendement augmentera au fur et à mesure de la *montée* des démasclages, de l'*accroissement* des sujets existants et de l'*amélioration de la consistance* des massifs qui, actuellement, ne se composent guère que de peuplements ayant, en moyenne, de 120 à 130 arbres à l'hectare de 0ᵐ80 de tour.

A cause de la date récente de l'exécution des travaux de mise en valeur, les forêts de la Conservation de Constantine n'ont donné, jusqu'à présent, que de faibles produits : 8.000 quintaux au maximum ; mais à partir de l'année 1896 elles entreront dans la période des récoltes importantes.

On peut prévoir que, à moins de destruction par incendie ou autres événements calamiteux, elles donneront approximativement :

En 1895.... 8.000 quintaux métriques de liége de reproduction;
En 1896.... 20.000 id.
En 1897.... 35.000 id.
En 1898.... 70.000 id.
En 1899.... 80.000 id.
En 1900.... 100.000 id.

Le rendement continuera d'ailleurs à progresser jusqu'à l'époque où toutes les forêts seront en exploitation, c'est-à-dire vers l'année 1910 ; le chiffre de *200.000* quintaux, qui est celui de la production possible pour les forêts domaniales de la Conservation, pourra être obtenu alors d'une manière normale et continue.

QUALITÉ DES LIÉGES DU DÉPARTEMENT DE CONSTANTINE

Les liéges des forêts du département de Constantine sont en général d'excellente qualité ; bon nombre de forêts donnent des produits qui valent les meilleurs liéges de CATALOGNE.

Déjà très estimés dans l'industrie et le commerce, les liéges des forêts domaniales s'amélioreront encore avec le temps, car ce n'est qu'après plusieurs récoltes que le liége offre toutes les qualités qu'il est susceptible d'acquérir.

Le département de Constantine, comme on l'a vu, renferme 231.690 hectares de forêts domaniales de chênes-liége, c'est-à-dire une contenance presque égale à celle de toutes les forêts de chênes-liége du Portugal ou de l'Espagne ; il est donc appelé à devenir un des principaux pays de production du liége. Déjà, cette partie de l'Algérie mérite de fixer l'attention du commerce des liéges du monde entier.

MODE DE VENTE DES PRODUITS RÉCOLTÉS DANS LES FORÊTS DOMANIALES

En Algérie, le liége *mâle* n'a pas de valeur commerciale ; aucune industrie utilisant ce produit pour la fabrication des briques, du linoléum, etc., ne s'est établie dans le pays. C'est en quantité considérable, 100.000 quintaux environ par an qu'il est abandonné en forêt ; cependant ce produit qui serait livré au commerce pour ainsi dire gratuitement, si la demande en était faite, pourrait recevoir différents usages et être cédé aux fabricants de linoléum et de liéges agglomérés, ainsi qu'aux pêcheurs. Réduit en poudre très fine, le liége qui est un corps isolant, sert à la conservation à l'état frais des raisins et autres fruits pendant plusieurs mois.

Le liége de reproduction récolté par le Service forestier est vendu par voie d'adjudication publique à l'*état brut*, sans aucune préparation préalable, raclage, bouillage, visage et classement.

Tous les liéges récoltés dans les coupes sont transportés sur des *places de dépôt* situées aux environs des maisons forestières ou des centres de colonisation, à proximité d'un chemin carrossable ou muletier, dans des localités d'un accès facile, ou tout au moins relativement facile.

Les liéges sont groupés sur les places de dépôt en piles d'une hauteur de 1m80, deux planches moyennes placées bout à bout, en représentent la largeur ; quant à la longueur de ces mêmes piles, elle est déterminée par l'étendue des places de dépôt.

Les piles sont montées le plus régulièrement possible, en lignes parallèles, espacées de 1m50, afin que les acheteurs puissent se rendre compte de la valeur de la marchandise aussi facilement et aussi exactement que possible.

Au cours de l'empilage, tous les liéges de *rebut*, liéges fourmillés, doublés, atteints de pourriture, sont triés et empilés à part, pour former à la vente des lots distincts signalés au commerce comme *lots de rebut*.

Les liéges marchands sont empilés au fur et à mesure de leur arrivée aux places de dépôt et il est défendu aux gardes forestiers ou chefs de chantiers de *parer* les piles ; les piles de liéges marchands contiennent donc en mélange toutes les qualités des liéges de cette catégorie.

Chaque pile de liége marchand formant un lot d'adjudication renferme un volume maximum de cinq cents quintaux.

Les liéges sont vendus à l'*unité de produit*, au *quintal métrique*.

Les ventes ont lieu chaque année, aussitôt que possible après les récoltes, du *1er au 30 septembre*, c'est-à-dire assez à temps pour permettre aux négociants d'exécuter les manipulations en forêt et les transports de liéges avant la mauvaise saison.

Dans le but de faciliter les transactions commerciales, le Service forestier de Constantine, dès que les récoltes sont commencées, fait établir et imprimer un état des quantités approximatives de liége de reproduction qui seront mises en vente au mois de septembre.

Les ventes sont annoncées, ensuite, un mois à l'avance, par des affiches en placard et des affiches en cahier; ces dernières contiennent tous les renseignements nécessaires (situation, accès, transport).

Les affiches en placard sont apposées dans tous les centres d'industrie de liége de France et d'Algérie.

Les *états de prévision* des récoltes et les *affiches en cahier* sont adressés aux principales maisons et sociétés françaises qui s'occupent du commerce et de l'industrie du liége et, sur leur demande, aux liégeurs de tous pays.

Un *cahier des charges*, approuvé par M. le Ministre de l'Agriculture, règle les conditions dans lesquelles doivent s'effectuer la vente des liéges de l'État et la délivrance des lots adjugés.

Le liége étant vendu au quintal, la délivrance aux adjudicataires se fait au moyen de *pesages* effectués sous la surveillance du Service, en présence des adjudicataires et à leurs frais.

L'opération du pesage ne présente aucune difficulté, quand elle a lieu pendant une période de beau temps; mais, en cas de pluie tombée dans les huit jours précédant le pesage, il est tenu compte aux adjudicataires de l'augmentation de poids résultant de l'absorption par les liéges d'une certaine quantité d'eau.

A cet effet, suivant l'importance des lots, 6 à 10 quintaux de liége sont mis à l'abri pendant huit jours consécutifs et pesés de nouveau le neuvième jour. Le résultat du pesage du lot à délivrer à l'adjudicataire est multiplié par le rapport entre le nouveau poids des liéges d'essai à leur poids primitif; la valeur du lot est déterminée en multipliant ce produit par le prix du quintal fourni par l'adjudication. Le fait du pesage transmet à l'adjudicataire la propriété des liéges qu'il peut préparer en forêt, s'il le désire, sur des emplacements désignés par le Service.

Toutes les mesures qui viennent d'être énumérées au sujet de l'empilage des liéges, de leur vente et de leur délivrance aux adjudicataires, ont été combinées dans le but de permettre aux commerçants de vérifier facilement, et en temps opportun, l'importance et la valeur des liéges mis en vente, d'acheter en parfaite connaissance de cause et de recevoir livraison de leurs achats dans les meilleures conditions ; le Service forestier a le devoir de faciliter les transactions et d'éviter toute surprise au commerce.

Constantine, 10 mai 1894.

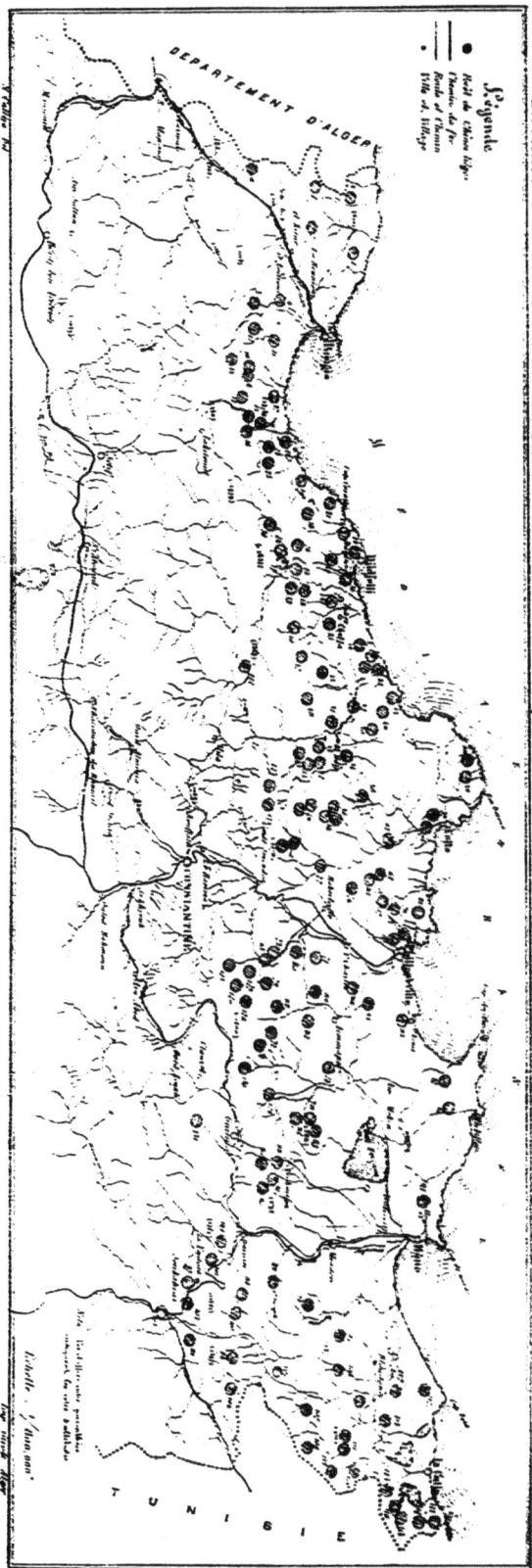

EXTRAIT de la Carte du DÉPARTEMENT DE CONSTANTINE indiquant la situation des Forêts domaniales de Chênes-liège

---

FORÊTS DOMANIALES

DE

CHÊNES-LIÉGE

NOTICE RÉDIGÉE PAR M. MIGNEROT, CONSERVATEUR DES FORÊTS

De nombreux ouvrages ont traité du chêne-liége, de ses caractères botaniques, de son aire d'habitation, de la nature des terrains qui lui conviennent, des conditions nécessaires à sa végétation et des modes d'exploitation qui doivent lui être appliqués au point de vue de la production du liége.

N'ayant pour but ici que de faire connaître l'importance des forêts peuplées de cette essence dans le département d'Alger, nous laisserons de côté tout ce qui concerne la partie scientifique de l'éducation du chêne-liége. Nous ne nous occuperons donc, dans cette étude, que de la partie économique de la question, en dressant une sorte de statistique destinée à faire connaître au public intéressé la situation des forêts, leur contenance et leur rendement actuel ou futur.

Ce n'est que depuis une dizaine d'années que les agents de l'Administration forestière ont pu s'occuper directement de la mise en valeur des nombreuses forêts de chênes-liége qui font partie du Domaine de l'État. Pendant longtemps, on dut, faute d'un personnel suffisamment nombreux, s'adresser à l'industrie privée.

Dès 1848, de nombreuses autorisations d'exploitations furent concédées à des particuliers ou à des compagnies, sorte de contrats d'affermage dont la durée, primitivement fixée à 16 ans, fut successivement portée à 40 et ensuite à 90 ans ; à la fin, pour dégager l'État des réclamations formulées par les fermiers à la suite de chaque incendie, on se décida à leur abandonner, en toute propriété, les forêts dont ils étaient respectivement détenteurs ; le décret du 2 février 1870 fut spécialement rendu en vue de l'aliénation de cette partie du domaine de l'État, sous certaines conditions.

Dans la Conservation d'Alger, ces ventes n'ont eu lieu que pour 1905 hectares environ.

Plus tard, afin de mettre en valeur les forêts dont l'État était resté possesseur, on essaya d'en affermer une portion pour une durée de 14 ans; des adjudications eurent lieu à cet effet en 1876 et en 1878. En ce qui touche à la Conservation d'Alger, elles portèrent sur une surface de 11.577 hectares, dont 3.004 hectares ont fait retour à l'État à partir du 1er janvier 1891 et le surplus à partir du 1er janvier 1894.

Entre temps, des crédits législatifs furent accordés pour la mise en valeur des forêts non amodiées ; les agents forestiers, surtout à partir de 1888, ont pu procéder à cette opération qui commence à donner des résultats appréciables. Actuellement, dans la Conservation d'Alger, la majeure partie des forêts de chênes-liége est mise en rapport.

M. le conservateur Combe, dans la statistique qu'il établit en 1889 sur les forêts de l'Algérie, évaluait ainsi qu'il suit la surface des forêts peuplées en chênes-liége dans la Conservation d'Alger :

1° Forêts domaniales... 35.700 h. dont 7.652 restaient à mettre en valeur.

2° Forêts communales.. 2.059 h. toutes mises en valeur.

3° Forêts particulières.. 4.312 h. dont 1.600 restaient à mettre en valeur.

        Total.... 42.071 h. dont 9.252 restaient à mettre en valeur.

Détail à signaler, les nombreux travaux d'amélioration, exécutés sous la direction des agents forestiers, et notamment les chemins de pénétration qu'ils ont entrepris, ont permis de constater l'existence de cantons de chênes-liége ignorés jusqu'à cette époque. Ce fait n'a d'ailleurs rien de surprenant, étant donné le manque de chemins ou de sentiers dans beaucoup de forêts, qui, par suite, étaient presque impénétrables. Bon nombre de contenances ont également été rectifiées, à la suite des opérations du Sénatus-Consulte.

Au 1er janvier 1894, il a été constaté que la surface des forêts de chênes-liége appartenant à l'État dans la Conservation d'Alger et reconnues susceptibles d'être exploitées avec avantage, au point de vue de la production du liége, s'élevait à 43.712 hectares, répartis ainsi qu'il suit :

1° 1.176 hect. faisant partie des anciennes forêts affermées pour 90 ans, et demeurés entre les mains des concessionnaires ; complètement mis en valeur.

2° 11.577 hect. affermés pour une durée de 14 ans ayant fait retour à l'État, soit à partir du 1er janvier 1891, soit à partir du 1er janvier 1894 ; complètement mis en valeur.

3° 30.959 hect. placés sous la gestion directe de l'Administration forestière et dans lesquels il reste environ 4.816 hect. à mettre en valeur.

Total. 43.712 hect. dont 4.816 hect. à démascler.

NOTA. — Quant aux forêts de chênes-liége appartenant aux communes, leur contenance actuelle serait de 4.430 hect., sur lesquels 3.617 hect., resteraient à mettre en valeur. Il convient d'ajouter que sur ces 3.617 hect., 1.697 ont été démasclés mais incendiés en 1892, et que 546 autres hectares ont été également en grande partie incendiés en 1891 et 1892, de sorte qu'à vrai dire il ne pourrait être mis actuellement en valeur que 1.374 hect. environ.

Quant aux forêts particulières, la surface de celles qui sont peuplées en chênes-liége n'a pas varié sensiblement depuis 1889 ; on peut donc l'évaluer encore à 4.312 hect. qui, vraisemblablement, sont actuellement tous en valeur.

La contenance totale des forêts de chênes-liége existantes dans la Conservation d'Alger serait donc de près de 53.000 hect., dont 7.879 resteraient encore à mettre en production.

Les rendements en liége de reproduction, pour les deux années 1892 et 1893 dans les forêts domaniales non affermées, ont été :

En 1892, de 3.404 qx 46 ayant fourni à l'État une somme de..	150.852 fr. 25
En 1893, de 4.240 40	id.	.. 137.974 23
Soit en tout 7.644 qx 86	id.	.. 288.826 fr. 48

ou, comme moyenne des deux années, 3.822 qx 43, d'une valeur de 144.413 fr. 24, ce qui fait ressortir le prix du quintal à une moyenne de 37 fr. 78.

En outre, l'État a retiré, en moyenne et par an, de ses forêts afformées, comme prix de location une somme de :

50.472 fr. 25 pour les concessions de 14 ans, et une somme de 3.233 fr. 62 pour l'unique concession de 90 ans.

Soit 3.705 fr. 87 qui, ajoutés aux 144.413 fr. 24 indiqués ci-dessus, donnent un total de 198.119 fr. 11 comme rendement moyen annuel des deux dernières années pour les forêts domaniales de chênes-liége de la Conservation.

En 1887, ce rendement ne s'élevait qu'à 12.663 fr. 02, ainsi que l'a établi M. Combe dans son travail sur les forêts de l'Algérie.

Ces résultats constatent, d'une part, que les efforts de l'Administration n'ont pas été vains ; qu'ils ont été couronnés de succès. Or, comme toutes les forêts mises en valeur sont loin d'être en plein rapport, on peut d'ores et déjà estimer, sans crainte d'exagération, que, dans une période peu éloignée, la récolte du liége atteindra, pour les forêts domaniales de la Conservation d'Alger, 30.000 quintaux environ. A raison de 35 fr. le quintal, chiffre qui paraît devoir être considéré comme prix moyen, on réalisera ainsi une somme de douze cent mille francs.

Cette évaluation en tant que quantité n'a d'ailleurs rien d'excessif ; d'après les renseignements recueillis, les fermiers des 8.073 hectares de forêts qui sont revenues, le 1er janvier 1894, à l'Administration forestière, ont récolté en 1893 près de 15.000 quintaux de liége.

Si l'on défalque des 1.200.000 fr. prévus plus haut comme recette brute les frais d'exploitation que l'on peut estimer à 5 fr. par quintal, soit à 150.000 fr., on arrive à un revenu net annuel de 1 million 50 mille francs.

En vue de faciliter l'enlèvement des produits et afin de chercher à garantir les massifs contre les dangers d'incendie, l'État a fait exécuter dans les forêts de nombreux chemins forestiers, au fur et à mesure des mises en rapport ; ils ont permis de pénétrer dans toutes les parties, de fouiller tous les cantons, de les explorer à fond. Actuellement, le transport des liéges à dos de mulet jusqu'aux emplacements de dépôt est devenu chose facile, et la plupart des dépôts sont, soit à proximité de ports, soit à proximité de routes carrossables ou de voies ferrées.

Ces chemins auront en outre l'avantage de donner le moyen au personnel de se rendre rapidement sur le foyer des incendies, de les circonscrire plus facilement ; ce réseau de routes est complété, d'ailleurs, par des tranchées dites de protection. Aussi, avec cet ensemble de garanties est-on en droit d'espérer que, dans la suite, les incendies prendront moins d'extension et pourront être arrêtés dès leur début.

Au surplus, il est à remarquer que, tout au moins dans la Conservation d'Alger, les incendies de forêts de chênes-liége, mises en rapport ou exploitées par l'État, sont très rares ou rapidement éteints. Cela tient à ce qu'elles sont devenues une source de revenus pour les populations indigènes environnantes, lesquelles sont employées aux travaux de toute nature que nécessite l'amélioration de ces forêts.

Ces populations ont donc tout intérêt à la conservation de ces boisements ; si, à l'origine, elles ne s'en rendaient pas bien compte, on est heureux de constater qu'à l'heure actuelle elles en comprennent de plus en plus l'importance, au point de vue de l'augmentation de leur bien-être.

Il y a donc là un résultat matériel et moral dont on ne peut contester les effets.

Chaque année, pour assurer la publicité des adjudications de liége et attirer l'attention du commerce au moment de la cueillette, le Service forestier indique, par une circulaire adressée aux principales maisons de la Métropole et de l'Algérie, les forêts où des liéges de reproduction seront levés, la quantité approximative de ces liéges, ainsi que leurs places de dépôt et la distance de ces entrepôts aux gares les plus voisines ou aux ports d'embarquement les plus rapprochés. Une autre circulaire fait connaître, au moins un mois à l'avance, l'époque des adjudications et les localités où elles auront lieu.

Ces adjudications sont faites à raison de tant le quintal et sans garantie de quantité ni de qualité ; toutefois, on a eu soin de rejeter, lors des empilages, toutes les planches de rebut ; dans le cas où des parties de forêt, pour une cause ou pour une autre, donneraient des liéges n'ayant pas les qualités marchandes voulues, ces produits seraient mis à part et feraient l'objet de ventes séparées.

Autant que possible, l'Administration fait en sorte que le commerce sache ce qu'il achète et ne puisse se tromper dans ses évaluations.

L'état ci-après mentionne les noms des différentes forêts domaniales de chênes-liége, leur situation géographique, leur contenance totale, avec indication [1] de celles qui étaient complètement parcourues, au 1er janvier 1894, au point de vue des démasclages.

---

(1) Par un astérisque

N° d'après la carte	DÉSIGNATION des FORÊTS	Contenance totale (hectares)	COMMUNES de la situation	PORT d'embarquement ou gare	Distance au port d'embarquement ou d'une gare	VOIES DE VIDANGE et de COMMUNICATION
	1° CONCESSIONS DE 90 ANS					
48	Beni-Khalfoun...........	1.176	Palestro (M)	Thiers et Palestro (G)	8 k.	15 kil. de voie de vidange, ch. de fer et route d'Alger à Constantine, route sur Alger et sur Dellys.
	2° CONCESSIONS DE 14 ANS					
	Toutes les concessions de 14 ans ont fait retour à l'État à partir du 1er janvier 1891					
	3° FORÊTS NON AFFERMÉES					
1	Affain..................	300	Gouraya (M)	Cherchell (P)	7 k.	9 kil. de chemin de 1e 50 de larg. et voie de mer.
2	Alfer	185	Id.	Id.	25	Sans chemin de vidange, voie de mer.
3	Balhnen°	70	Bouzaréah	Alger (P)	12	24 kil. de chem. et sentiers, route Malakoff.
4	Beni-Smail	430	Boufra	Boufra (G)	6	2.600 mètres de ch. de 2e de larg. et ch. de fer d'Alger à Constantine.
5	Boharb°...............	500	Gouraya (M)	Cherchell (P)	35	14 kil. de ch. de 2e de larg. et voie de mer.
6	Bou-Rouiss.............	200	Cherchell	Tipaza (P)	10	2 k. 700 de ch. de vidange et route d'Alger à Cherchell.
7	El-Hammam°...........	275	Gouraya (M)	Cherchell (P)	28	6 k. 950 de chem. de 1e 8) à 2e de larg. et voie de mer.
8	Grand Pic°	250	Id.	Id.	27	7 k. 380 de chem. de 1e 50 à 2e de larg. et voie de mer.
9	Larrath.................	300	Id.	Villebourg (P)	7	10 k. 640 de chem. de 1e 50 à 2e de larg. et voie de mer.
10	Mazer..................	75	Id.	Cherchell (P)	28	4 kil. de ch. de 3e de larg. et voie de mer.
11	Merkalla°..............	430	Boufra	Boufra (P)	10	5 k. 90 et et ch. de fer d'Alger à Constantine.
12	Medjoudj	33	Gouraya (M)	Cherchell (P)	27	Pas de chemin de vidange, voie de mer.
13	Oued-Ferah............	165	Aumale (M)	Boufra (G)	30	17 k. 400 de ch. de vidange, ch. de fer d'Alger à Constantine, route d'Aumale à Alger.
14	Ouled-El-Aziz...........	860	Aïn-Bessem (M)	Id.	3	31 k. 500 de ch. de vidange, ch. de fer d'Alger à Constantine, route d'Aumale à Alger.
15	Ouled-Bou-Arif..........	60	Aumale (M)	Id.	30	21 kil. de chem. de vidange, ch. de fer d'Alger à Constantine, route d'Alger à Aumale.
16	Ouled-Meriem°	420	Id.	Id.	35	42 k. 300 ch. de vidange, ch. de fer d'Alger à Constantine, route d'Aumale à Alger.
	A reporter. . . .	4.253				

Nᵒ d'après la gare	DÉSIGNATION des FORÊTS	Contenance totale (hectares)	COMMUNES de la situation	PORT d'embarquement ou gare	Distance du point d'embarquement ou d'une gare	VOIES DE VIDANGE et de COMMUNICATION
	Report....	4.253				
17	St-Ferdinand*	28	St-Ferdinand	Alger (P)	30k.	23 kil. de ch. de vidange, route Malakoff.
18	Tarzout-Hassen	2.000	Gouraya (M)	Gouraya (P)	16	13 kil. 440 de ch. de vidange, voie de mer.
19	Tala-N'Chaban	181	Id.	Cherchell (P)	27	2 kil. 800 de ch. de vidange, voie de mer.
20	Tizi-Franco*	600	Id.	Id.	35	30 kil. de ch. de vidange, voie de mer.
	TOTAL....	7.062				
21	Cèdres	700	Ténict (PE)	Affreville (G)	65k.	24 kil. de ch. de vidange, ch. de fer d'Alger à Oran et r. de Téniet-el-Haad à Cherchell.
22	Dadamimoun*	1.000	Hammam-Rira (M)	Bou-Medfa (G)	20	8 kil. de ch. de vidange, route de Miliana à Cherchell.
23	Doui (canton de Bou-Rached*	170	Braz (M)	Duperré (G)	4	3 kil. de ch. de vidange, ch. de fer d'Oran à Alger.
24	Ferclouane*	350	Ténict (PE)	Affreville (G)	72	6 kil. 800 de ch. de vidange, ch. de fer d'Oran à Alger.
25	Les Cèdres (canton Pépinière)	186	Id.	Id.	72	800 m. de ch. de vidange, ch. de fer d'Oran à Alger et route de Téniet-el-Haad à Cherchell.
26	Matmatas.. Aghbal*	1.200	Djendel (M)	Id.	45	6 kil. de ch. de vidange, ch. de fer d'Oran à Alger et route de Téniet-el-Haad à Cherchell.
27	Bou-Médien	1.550	Id.	Id.	42	10 kil. de ch. de vidange, ch. de fer d'Oran à Alger et route de Téniet-el-Haad à Cherchell.
28	M'Rameur*	400	Id.	Id.	35	4 kil. 800 de ch. de vidange, ch. de fer d'Oran à Alger et route de Téniet-el-Haad à Cherchell.
29	Hamchache	91	Gouraya (M)	Cherchell (P)	28	5 kil. 117 de ch. de vidange, voie de mer.
30	Sidi-Abdoun*	300	Ténict (PE)	Affreville (G)	65	5 kil. 168 de ch. de vidange, ch. de fer d'Oran à Alger et route de Téniet-el-Haad à Cherchell.
31	Zaccar*	250	Miliana (PE)	Adélia (G)	28	6 kil. 800 de ch. de vidange, ligne d'Oran à Alger et route de Miliana à Cherchell.
32	Zaccar-R'harbi*	1.200	Hammam-Rira (M)	Id.	28	6 kil. de ch. de vidange, ligne d'Oran à Alger et route de Miliana à Cherchell.
33	Righas*	750	Id.	Id.	18.5	33 kil. de ch. de vidange, ligne d'Oran à Alger et route de Miliana à Cherchell.
	TOTAL....	8.147				

N° d'après la carte	DÉSIGNATION des FORÊTS	Contenance totale (hectares)	COMMUNES de la situation	PORT d'embarquement ou gare	Distance du port d'embarquement ou d'une gare	VOIES DE VIDANGE et de COMMUNICATION
34	Beni-Merzoug*	120	Ténès (M)	Ténès (P)	35 k.	Sans ch. de vidange, route d'Orléansville à Ténès et voie de mer.
35	Bissa	500	Id.	Id.	28	5 kil., route de Malakoff et voie de mer.
36	Dahra*	50	Id.	Baie de Guetta	12	3 kil., route de Malakoff et voie de mer.
37	Djebel-Sandiu	545	Ouarcenis (M)	Malakoff (G)	40	11 kil. de ch. de vidange, ligne d'Oran à Alger et route d'Orléansville à Ténès.
38	Guergour	75	Ténès (M)	Ténès (P)	25	2 kil. de ch. de vidange, voie de mer.
39	Tachetas	600	Braz (M)	Id.	30	17 kil. de ch. de vidange, voie de mer.
40	Talassa*	120	Ténès (M)	Id.	25	12 kil. de ch. de vidange, route de Ténès et voie de mer.
41	Temdrara*	15	Ouarcenis (M)	Orléansville (G)	30	Sans ch. de vidange, ligne d'Oran à Alger et route d'Orléansville à Ténès.
	TOTAL. . . .	2.025				
42	Akfadou	1.198	Haut-Sébaou (M)	Tizi-Ouzou (G)	60 k.	9 kil. de ch. de vidange, route de Tizi-Ouzou à Dellys.
43	Azouza	2.150	Azeffoun (M)	Baie de Sidi-Kalifa	20	22 kil. de ch. de vidange, voie de mer.
44	Belloua	668	Tizi-Ouzou	Dellys (P)	45	25 kil. de voie de vidange, ligne de Tizi-Ouzou à Alger et route de Tizi-Ouzou à Dellys.
45	Beni-Djenad	639	Haut-Sébaou et Azeffoun (M)	Port-Guey-don	24	Sans voie de vidange, route de Dellys à Port-Gueydon.
46	Beni-Ghobri	5.137	Id.	Id.	45	45 kil. de ch. de vidange, route d'Azazga à Port-Gueydon et voie de mer.
47	Beni-Hacein*	1.243	Azeffoun (M)	Baie de Sidi-Kalifa	35	500 m. de ch. de vidange, voie de mer.
48	Beni-Khalfoun	1.329	Dra-el-Mizan, Palestro (M et Tizi-R'Niff (PE)	Palestro (G)	8	13 kil. de voie de vidange, ch. de fer, route de Constantine à Alger, route sur Alger et sur Dellys.
49	Bouberak	346	Bois-Sacré	Plage abordable	5	7 kil. de ch. de vidange, voie de mer.
50	Bou-du-Djurjura	30	Dra-el-Mizan (M)	Bouira (G)	20	6 kil. de ch. de vidange, route et ch. de fer de Constantine à Alger, route sur Alger et sur Dellys.
51	Bou-Mahni	3.542	Dra-el-Mizan (M et PE)	Dra-el-Mizan (G)	20	81 kil. de ch. de vidange, route de Boghni et Dra-el-Mizan à Tizi-Ouzou et Dellys, voie de mer.
52	Flisset-el-Bahr*	368	Azeffoun (M)	Mer	35	2 kil. de ch. de vidange, voie de mer.
53	Mizrana	2.721	Dellys (PE et M)	Tigzirt (P)	10	50 kil. de ch. de vidange, voie de mer.
54	Muley-Yaya et Babor	4.115	Dra-el-Mizan (M)	Aomar (G)	6	30 kil. de ch. de vidange. On peut facultativement effectuer les transports par chemin de fer de Constantine à Alger ou bien utiliser la route de Dra-el-Mizan au port de Dellys.
	A Reporter. . . .	20.789				

N° d'après la carte	DÉSIGNATION des FORÊTS	Contenance totale (hectares)	COMMUNES de la situation	PORT d'embarquement ou gare	Distance du port d'embarquement ou d'une gare	VOIES DE VIDANGE et de COMMUNICATION
	Report. . . .	20.978				
55	Téniet-el-Begass........	1.420	Tizi-R'Niff (PE) et Dra-el-Mizan (PE et M).	Thiers (G)	10	64 kil. de ch. de vidange, ch. de fer et route de Constantine à Alger. Route de Dra-el-Mizan au port de Dellys.
56	Tigrine	895	Azeffoun (M)	Baie de Sidi-Kalifa	15	5 kil. de ch. de vidange, voie de mer.
57	Taingout..............	1.409	Haut-Sébaou (M) et Azeffoun (M)	Port-Guey-don	25	25 kil. de ch. de vidange, route d'Azazga à Port-Gueydon, voie de mer.
58	L'Arba	789	Camp-du-Maréchal, Isserville et Bordj-Menaiel.	Hausson-villers (G)	12	19 kil. de ch. de vidange, route d'Haussonvillers à Dellys et ligne de Tizi-Ouzou à Alger.
	TOTAL. . . .	25.302				
	TOTAUX GÉNÉRAUX. . . .	43.712				

RÉPARTITION DES FORÊTS DE CHÊNES-LIÉGE DE LA CONSERVATION D'ALGER PAR CANTONNEMENTS

INSPECTION	CANTONNEMENT	DÉSIGNATION DES FORÊTS par le numéro d'ordre qui leur est donné sur la carte ci-après
Alger..................	Alger.	3, 17.
	Tizi-Ouzou.	4, 48, 49, 50, 51.
	Azazga.	42, 43, 45, 46, 47, 52, 53, 54, 55, 56, 57, 58.
Aumale..............	Aumale.	13, 15, 16.
	Bouira.	4, 11, 14.
	Tablat.	
Médéa	Médéa.	
	Boghar.	
	Djelfa.	
Miliana	Miliana.	22, 23, 31, 32, 33.
	Cherchell.	1, 2, 5, 6, 7, 8, 9, 10, 12, 18, 19, 20, 29.
	Téniet-el-Haâd.	21, 24, 25, 26, 27, 28, 30.
Orléansville............	Orléansville.	37, 41.
	Ténès.	34, 35, 36, 38, 39, 40.

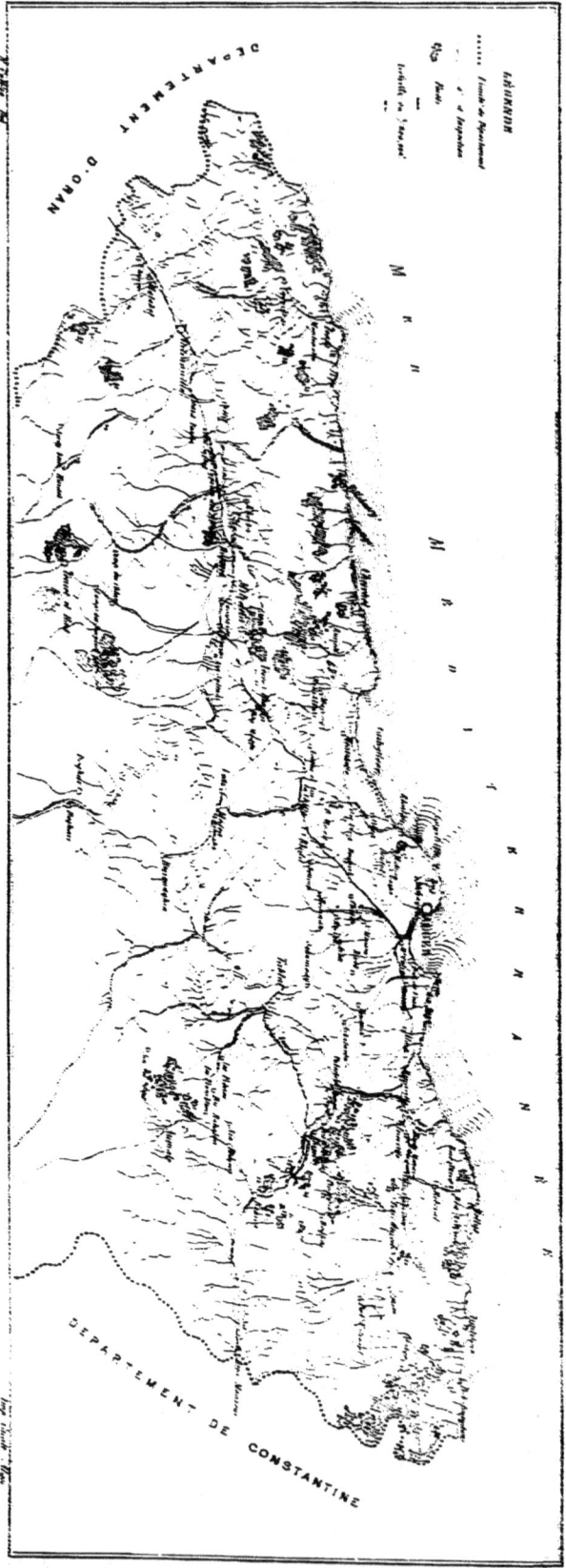

Carte des Forêts domaniales de Blidée-Médéa de la conservation d'Alger (Département d'Alger.)

DÉPARTEMENT D'ORAN

DÉPARTEMENT DE CONSTANTINE

LÉGENDE

..... Limite du Département
—— -- d'inspection
○ Forêts
Échelle de 3 km. en.

FORÊTS DOMANIALES

DE

CHÊNES-LIÉGE

NOTICE RÉDIGÉE PAR M. DE VASSELOT, CONSERVATEUR DES FORÊTS

AIRE DU CHÊNE-LIÉGE DANS LE DÉPARTEMENT D'ORAN

Dans le département d'Oran, le chêne-liége croît sur les grès de la formation jurassique supérieure et de la formation crétacée, à une altitude variant de 800 à 1.200 mètres et à une élévation beaucoup moindre dans les grès du miocène et du pliocène. Il préfère les sols silico-argileux. Il descend sur les collines du Tell inférieur jusqu'à une très petite distance de la côte, mais il est surtout répandu dans les montagnes du Tell supérieur et s'arrête à la limite des Hauts-Plateaux. On peut évaluer à cent mille hectares au moins la surface propre à son développement, quoi qu'il n'en occupe actuellement qu'une bien faible partie.

CONTENANCE DES FORÊTS DOMANIALES — STATISTIQUE

Le chêne-liége est disséminé dans un certain nombre de forêts domaniales du département d'Oran, recouvrant ensemble une superficie de 36.000 hectares; mais la surface qu'il y occupe en réalité n'est que d'environ 6.000 hectares.

Ces massifs sont ainsi répartis :

N° d'après la carte	NOMS des FORÊTS	Contenance totale (hectares)	COMMUNES de la situation	PORT d'embarquement	Distance du port d'embarquement	VOIES DE VIDANGE ROUTES ET CHEMINS

INSPECTION DE MASCARA

CANTONNEMENT DE MASCARA

1	Nesmoth (partie)......	316	Cacherou (M)	Arzew	149	Chemin muletier...... 10 k. Route de Thiersville, 20 Voie ferrée.......... 113

CANTONNEMENT DE TIARET

2	Tagdempt (partie).....	459	Tiaret (M)	Mostaga-nem	184	Chemin muletier..... 6 Voie ferrée.... 178

INSPECTION DE MOSTAGANEM

CANTONNEMENT DE MOSTAGANEM

3	Agboub (partie)..	10	L'Hillil (M)	Mostaga-nem	60	Chemin muletier..... 8 k. Voie ferrée.......... 52

CANTONNEMENT D'ORAN

4	Djebel-Khaâr (partie), (Reboisements)	125	Assi-Ben-Okba et St-Cloud	Oran	16	Route de St-Cloud à Oran............... 16
5	M'Silah (partie).......	520	El-Ançor	Id.	46	Chemin en terrain naturel...... 8 Route de Bou-Tlélis à Oran............. 38
		645				

INSPECTION DE TLEMCEN

CANTONNEMENT DE TLEMCEN

6	Aïn-es-Souk (partie)..	330	Aïn-Fezza (M)	Oran	150	Sentier muletier..... 11 k. Voie ferrée.......... 139
7	Aïn-Marjem (partie),...	250	Sebdou (M)	Id.	183	Sentiers .... 4 Route de Sebdou..... 9 Voie ferrée.......... 170
	A reporter. . .	550				

Nos d'après la carte	NOMS des FORÊTS	Contenance totale (hectares)	COMMUNES de la situation	PORT d'embarquement	Distance du port d'embarquement	VOIES DE VIDANGE ROUTES ET CHEMINS	
	Report. . .	550					
8	Bled-el-Fouazez (part.)	80	Aïn-Fezza (M)	Oran	167	Sentiers .... Voie ferrée	6 k. 161
9	Fernana	58	Tlemcen (M)	Id.	185	Sentiers .... Route de Sebdou à Tlemcen .... Voie ferrée	6 9 170
10	Hafir (partie)	2.250	Sebdou (M)	Id.	188	Route en terrain naturel .... Route de Sebdou à Tlemcen .... Voie ferrée	9 9 170
11	Sidi-Hamza (partie) ...	302	Aïn-Fezza (M)	Id.	147	Sentiers .... Voie ferrée	8 139
12	Zariffet (partie)	420	Sebdou (M)	Id.	179	Chemin en terrain naturel .... Route de Sebdou à Tlemcen .... Voie ferrée	1 8 170
13	Zerdeb (partie)	710	Aïn-Fezza (M)	Id.	145	Sentiers .... Voie ferrée	6 139
		4.370					

RÉCAPITULATION

INSPECTION	CANTONNEMENT	CONTENANCE (hectares)
Mascara	Mascara	316
	Tiaret	659
Mostaganem	Mostaganem	10
	Oran	645
Tlemcen	Tlemcen	4.370
		6.000

TRAVAUX DE MISE EN VALEUR ET DE RÉCOLTE

Mêmes procédés que ceux indiqués pour les forêts de Constantine.

Le réseau des voies de vidange comprend, outre les sentiers muletiers, des chemins de charrettes qui sont entretenus et développés chaque année. Le liége n'est récolté que lorsqu'il a atteint au moins 25 millimètres d'épaisseur sous la croûte.

TRAITEMENT DES FORÊTS DE CHÊNE-LIÉGE

Même traitement que dans la Conservation de Constantine.

SITUATION ACTUELLE DES FORÊTS DOMANIALES AU POINT DE VUE DES TRAVAUX DE MISE EN VALEUR

Les 6.000 hectares que possède le département d'Oran, avaient été complètement démasclés, mais les incendies de 1889 et 1892 ont réduit à environ 2.500 hectares la surface actuellement en production.

Grâce à des travaux de recépage, à des débroussaillements et à une garde vigilante, le chêne-liége repousse très bien sur les parties incendiées ; les cantons ainsi régénérés promettent de redevenir dans un laps de temps très court (dix à douze ans) les plus beaux de ces restes de forêts.

La vidange des massifs est assurée par un réseau de sentiers, chemins muletiers et chemins de charrettes, dont la longueur totale dépasse 100 kilomètres.

Les tranchées de protection ont un développement à peu près égal.

Les cantons en voie de régénération après incendie pourront être remis en valeur vers 1905.

PRODUCTION PRÉVUE

Lorsque les cantons de chêne-liége aujourd'hui subsistants dans le département d'Oran seront en rapport, la production arrivera sûrement au chiffre de 5.000 quintaux métriques par an. La récolte de 1895 n'atteindra guère que

400 quintaux, mais elle augmentera d'année en année. Que les travaux de res-
tauration entrepris en vue de réinstaller le chêne-liége dans les cantons dont il
a été dépossédé par le feu et l'abus du pâturage, soient continués avec la même
activité et bientôt cette essence précieuse occupera plus de 30.000 hectares ;
alors le chiffre de la production sera naturellement en rapport avec cette
surface.

QUALITÉ DES LIÉGES DU DÉPARTEMENT D'ORAN

C'est la région des qualités supérieures. Aussi, bien que la production
actuelle des forêts domaniales de ce département soit très minime, leur liége
est si bien connu que les représentants du haut commerce viennent se le
disputer chaque année et le payent en conséquence.

MODE DE VENTE DES PRODUITS RÉCOLTÉS DANS LES FORÊTS DOMANIALES

Le liége mâle n'a aucune valeur vénale ; cependant, on en délivre une certaine quantité comme menus produits à prix très minime.

Le liége de reproduction récolté est réuni sur place de dépôt, par les soins
du Service forestier et vendu à l'état brut, par adjudication publique et par
unités de produits au quintal métrique, suivant les clauses et conditions du
cahier des charges approuvé par M. le Ministre de l'Agriculture pour toute
l'Algérie.

Toutes les précautions désirables pour l'arrangement de la récolte, l'infor-
mation du commerce et la délivrance après adjudication sont prises ici comme
dans les autres parties de la colonie.

ALGER. — GIRALT, IMPRIMEUR DU GOUVERNEMENT GÉNÉRAL
Rampe Magenta, 16

EXTRAIT de la Carte du **DÉPARTEMENT D'ORAN** *indiquant la situation des forêts domaniales de Chênes-liège.*

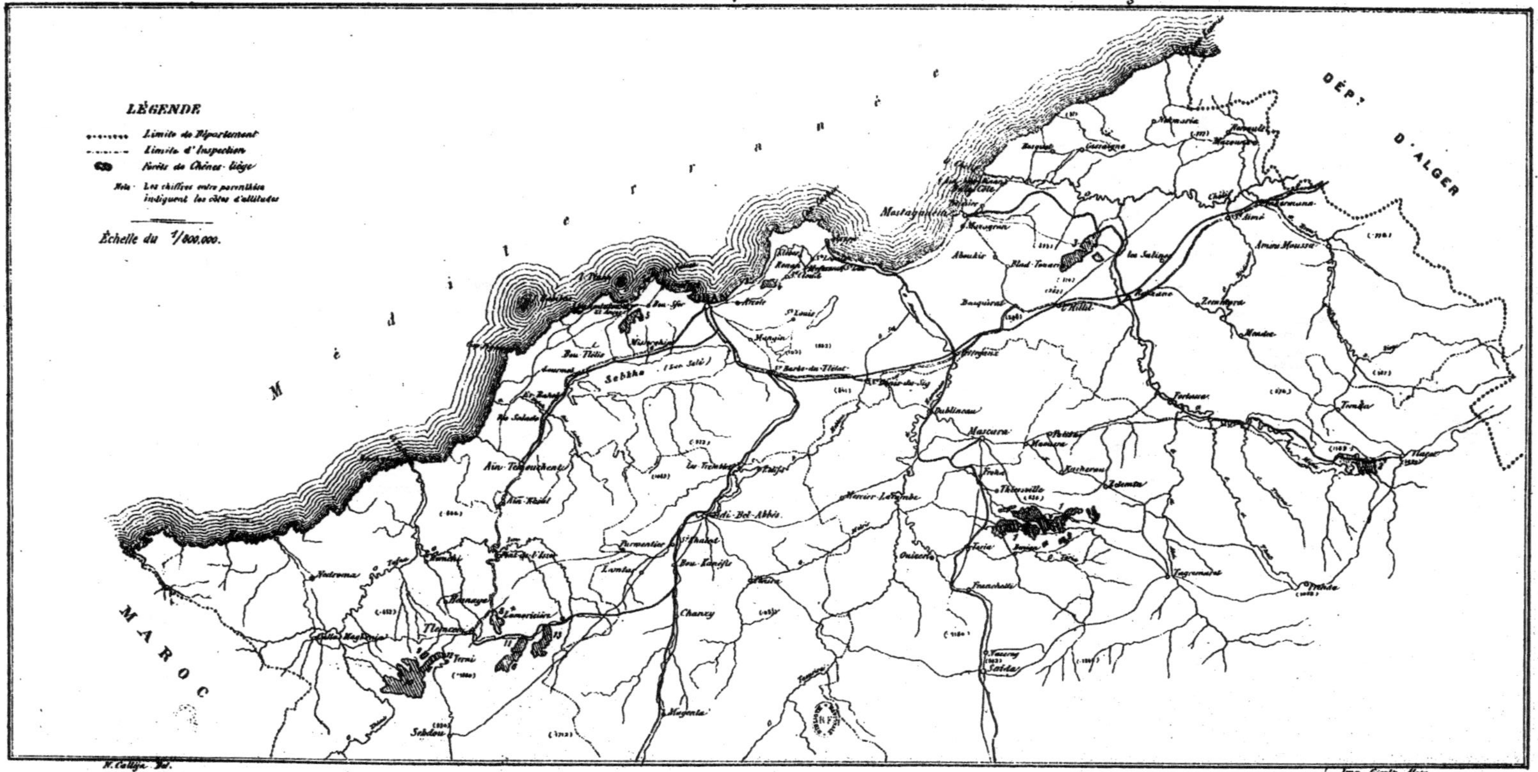

LÉGENDE
Limite de Département
Limite d'Inspection
Forêts de Chênes-liège
Nota: Les chiffres entre parenthèses indiquent les côtes d'altitudes
Échelle du 1/800,000.
M é d i t e r r a n é e
MAROC
DÉP.T D'ALGER
Sebkha (Lac Salé)
Mostaganem
Mascara
Sidi-Bel-Abbès
Tlemcen
Saïda
Nedroma
Chanzy
Magenta
Relizane

N. Calliga Del.

Imp. Giralt. Alger.

Fig. 2. Coupe d'un Chêne-liège après la mise en production

Liège mâle, liège femelle.
Formation du liège de reproduction

Zone extérieure de l'écorce, le liège.
Zone intérieure, le liber, la mère ou le tan, le bois.

Section du couvrement.
Liège mâle ou naturel.
Bois de la mère desséchée après le démastiquage (la croûte)
La mère
Le bois

Fig. 3. Coupe du même arbre deux ans après la mise en production

Section le couvrement
Liège mâle avant la mise en production
la croûte
Première croûte de liège produit l'année qui suit
l'opération, liège mâle en dessus de la couronne, liège
femelle en dessous
La croûte de liège produit de 2 années après démastiquage
le mère
le bois

Fig. 7. Empilage des lièges

n° n	n° n
1re catégorie	0,50
2e catégorie	0,70
3e catégorie	0,90
4e catégorie	1,00
5e catégorie	1,20
6e catégorie	1,40
6e catégorie	1,50

Fig. 8. Estimation sur pied

PLANCHE
Canon aplati

Bois
Mère
Liège

a b. c. Circonférence extérieure
c d. e. circonférence moyenne
f g. i. circonférence sur liber
h i. e. épaisseur du liège
k i. H. hauteur du démastiquage

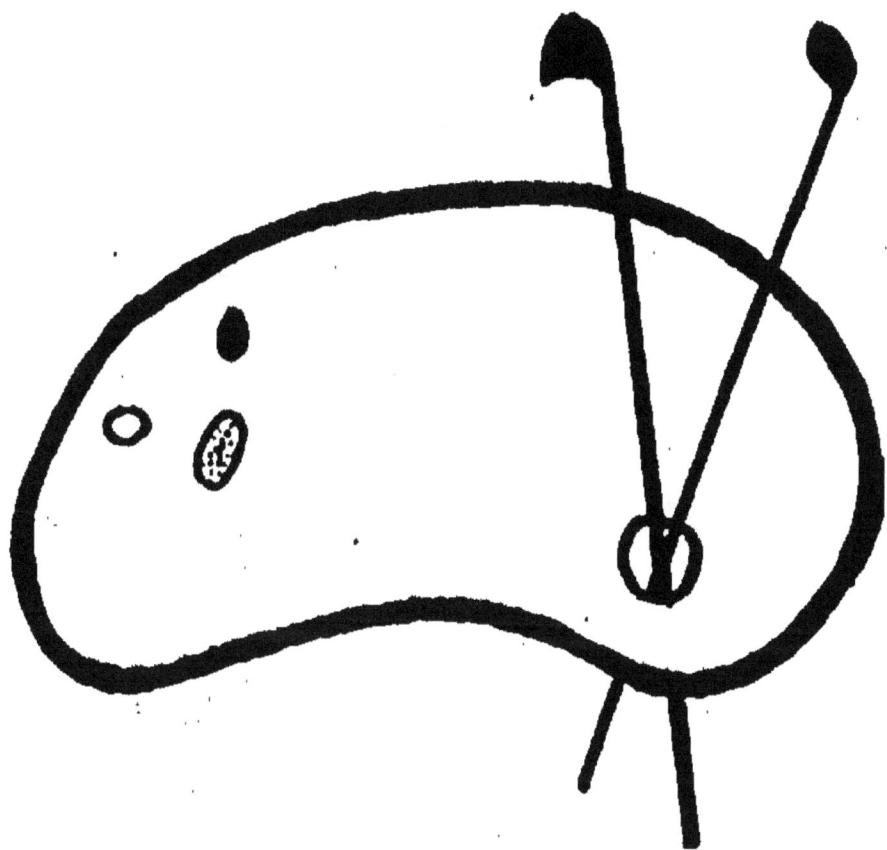

www.ingramcontent.com/pod-product-compliance
Lightning Source LLC
Chambersburg PA
CBHW050540210326
41520CB00012B/2657